土木工程施工安全

[图解]

张建东 编

中国建筑工业出版社

图书在版编目（CIP）数据

土木工程施工安全[图解] / 张建东编. — 北京：中国
建筑工业出版社，2017.9
　ISBN 978-7-112-20977-4

　Ⅰ.①土… Ⅱ.①张… Ⅲ.①土木工程 — 工程施
工 — 安全技术 — 图解　Ⅳ.① TU714.2-64

中国版本图书馆CIP数据核字（2017）第166027号

　　本书以漫画的形式，生动有趣地讲述了有关土木工程现场施工安全的各项内容，
令人过目难忘，印象深刻，尤其适合施工单位用于现场安全培训。

责任编辑：刘文昕　刘婷婷
责任校对：王　烨
插　　图：阪本一马

土木工程施工安全 [图解]
张建东　编

*
中国建筑工业出版社出版、发行（北京海淀三里河路9号）
各地新华书店、建筑书店经销
北京京点图文设计有限公司制版
北京中科印刷有限公司印刷
*
开本：880 × 1230毫米　1/32　印张：3　字数：85千字
2018年1月第一版　2018年1月第一次印刷
定价：28.00 元
ISBN 978-7-112-20977-4
　（30615）

【目录】

1 安全与责任

安全，是指"不做危险的事，也不让他人做危险的事"

一旦发生安全事故……

◆ 对于本人和家人……
- 身心痛苦
- 收入减少
- 体力和能力下降
- 家人担心、受连累
- 花费额外开销

◆ 对于公司和工地……
- 人手不够用
- 工作计划被打乱
- 工作效率降低
- 施工设备等损坏
- 人际关系恶化

◆ 对于社会……
- 造成人员伤亡
- 损失社会财产
- 造成社会的不和谐

遵守安全规则

　　无论是什么运动或游戏都有相应的规则，有规则才成其为游戏，也才有趣。工作也是同样的道理，需要我们遵守规则。

◆ 各种各样的规则

国家制定的规则 ▶	企业和员工必须遵守的国家相关劳动安全法，各种安全规程
公司制定的规则 ▶	公司和施工现场根据法律制定的标准、指南，如施工方案、操作步骤等

事故的种类和原因

事故发生的原因

● 不安全状态　　● 安全管理的疏忽　　● 不安全行为

事故原因通常可分为：直接原因和间接原因，而直接原因包括不安全状态（物的原因）、不安全行为（人的原因）。事故发生的基本模式如下图所示。

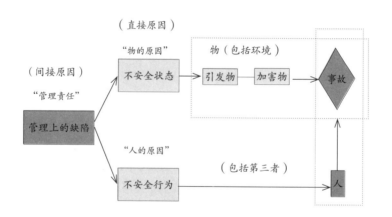

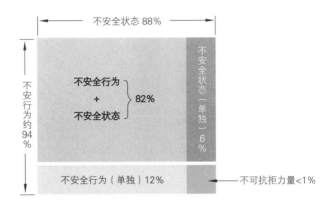

据统计，事故发生的原因中，不安全行为约占94%，不安全状态约占88%，而实际事故约82%由此两种因素同时作用所产生。

事故成因分析可利用下图所示的鱼刺法，从人、物、管理以及事故发生过程进行。通过分析和总结事故发生规律，为今后同类事故的预防提供参考。

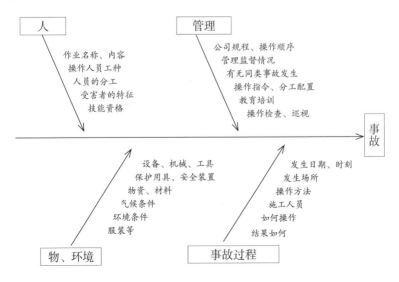

三大施工安全事故

高空坠落事故

施工机械事故

倒塌·垮塌事故

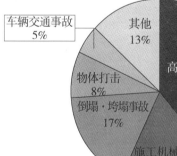

据统计，每年"三大事故"约占施工现场死亡事故的比例3/4，其中高空坠落事故约39%，施工机械事故约18%，倒塌、垮塌事故约17%。

各种人为的"疏忽大意"

🔔 惊吓事件（潜在事故）可能引发重大的事故

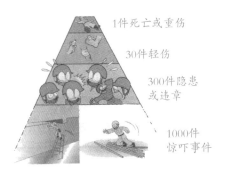

1件死亡或重伤

30件轻伤

300件隐患
或违章

1000件
惊吓事件

● 惊吓事件（潜在事故）分析是以美国著名安全工程师海恩里希提出1：30：300事故概率法则为基础而创立的管理手法。如有300个隐患或违章，很有可能发生30起轻伤或故障，而这30起轻伤中，必然导致1起重伤、死亡重大事故。

🔔 注重细节是防止事故的第一步！

● 建设工程中哪怕是常用的一根螺栓也要多加注意，往往细节决定成败。

● 航空、土木、施工机械等常用的螺栓，万一不小心出现问题，可能会成为致命性事故的原因。

● 螺栓可能会因承受反复荷载引发疲劳而发生破损，导致重大事故。

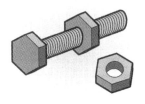

消除人为错误"粗心大意"

◆　由于是常见作业，容易麻痹大意

● 以为这样做不会有什么问题

● 轻视可能存在的潜在危险

消除人为错误 "抄近路行为"

◆ 人总是想省略繁琐的流程，喜欢抄近路等行为

● 觉得太麻烦

● 就这一点儿嘛

● 快点应该来得及的

● 绕远路真是太麻烦

● 用惯的施工机械，应该不会出什么问题吧

🚧 消除人为错误 "没注意别人的出现"

● 没有仔细观察周围情况

● 只专注自己的工作，没留
意到同伴的不安全行为

● 对方突然出现，没来得及提醒

● 以为这点儿事不会有什么问题的

消除人为错误 "没留意周围情况"

◆ "死角"：驾驶员看不见的机械周围的部分

● 随时留意周围的人员或物体

● 边倒车边鸣笛，及时告知附近人员　　● 附近配置引导人员

⚠ 工作中烦恼或考虑其他事，导致麻痹大意

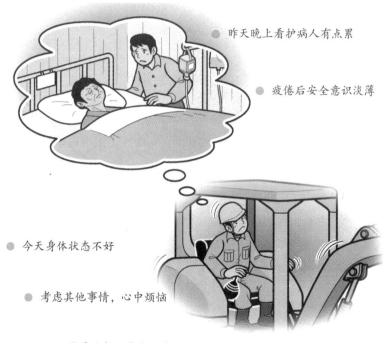

● 昨天晚上看护病人有点累

● 疲倦后安全意识淡薄

● 今天身体状态不好

● 考虑其他事情，心中烦恼

● 简单重复的装载操作也会麻痹大意

防止作业现场出入口附近的交通事故

◆ 作业现场的出入口附近尤其要注意交通诱导

不要让进场的渣土车在出入口附近等候

材料堆场

引导人员要注意自身安全

对一般通行车辆，要设置出入口等的标牌标识，给予适当引导

◆ 对一般通行车辆及行人，要设置提醒标识，配备诱导人员进行主动引导

注意车辆通行的死角，防止车辆碰撞事故

◆ 车辆通行存在这样的死角……你知道吗?

● 视野死角的实际训练

● 作业人员要穿醒目的服装　　　　　● 夜间穿反光背心

🔔 人与人之间相互提醒一声很重要

● 不随意拆除脚手架的扶手

不能随意把扶手拆掉

临时拆下的钢管要复原

自身不做危险行为
不让别人做危险行为
不疏漏危险源的发现

● 明明知道同伴在从事危险的高空作业，却装作事不关己的样子

2 现场安全管理

在施工现场，总承包商和分包企业明确每天、每周、每月各自的职责，形成联合协助的安全活动固定模式，并作为一个安全循环加以实施。从传统的业主或总承包商指导方式的安全管理转变为分包企业和施工小组自主管理，形成标准化、习惯化是安全施工循环监管的重要目的。

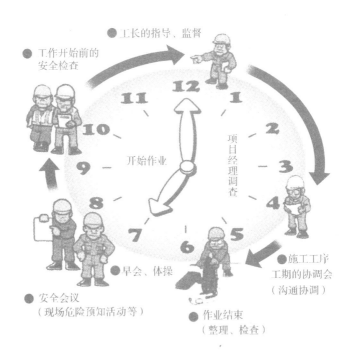

开工前召开安全早会

安全早会，全员参加，严禁迟到

互 相 打 招 呼

↓

做 体 操

↓

作业人员点名确认

↓

项目负责人安全训话

↓

通知和注意事项

↓

危 险 预 知 活 动

↓

开 始 作 业

安全理念

（1）杜绝一切工伤事故。

（2）安全是雇用的前提。

（3）培训是确保安全的根本。

（4）严格实施安全督查。

（5）及时确认安全改善效果。

（6）排查所有存在事故隐患的
　　危险源。

（7）安全需要互相协助配合。

⚠ 在安全早会上确认当天的作业内容

每天在安全早会上，尤其要确认发生变化的作业内容

- 检查防护用具
  - ★ 是否有损伤情况
  - ★ 是否在有效期限内

- 确认作业方法
  - ★ 详细作业方法讲解
  - ★ 全体作业人员周知

- 在黑板上公布安全事项
  - ★ 安全目标
  - ★ 作业注意事项

- 检查作业人员健康状态

- 预测存在的危险作业
  - ★ 交流和讨论作业过程中可能存在危险的情况，并提出改善措施

- 明确指示作业内容
  - ★ 作业步骤、标准化操作流程

现场危险预知活动

危险预知活动是指每个作业小组在现场针对当天的作业内容，互相讨论
"存在什么危险"、"自己应该怎么做"，商讨确定预防对策，并加以实施。

🔺 危险预知活动实施方法

① 安全早会开始，全体人员做广播体操；随后，传达总承包商相关通知，
以及相关作业联系事项；安全负责人讲述整体施工的安全注意事项。

② 分作业小组，在作业现场按照以下方法实行危险预知活动。

· 小组长确认当天的作业分工。

· 作业开始前，用大约5分钟时间，利用危险源检查表对作业现场、机械
设备、作业环境、作业行为进行检查，预测可能发生的危险源。

· 小组成员讨论当天的作业中可能出现的具体危险和事故，提出自己应该
怎么做。

· 对于自己无法解决安全措施的事宜，向总承包商汇报，得到改善之后再
着手作业。

· 将作业中的危险和措施写在黑板上。

· 讨论得出一个最重要的安全措施，集体手指对象物唱呼。

▲ 危险预知活动流程

安全早会

↓

分成作业小组前往现场

↓

小组长确认当天的作业分工

↓

实施现场危险预知活动

· 全体作业人员检查、确认作业设备和机械器具等。

· 每个作业人员分别讲述自己的作业内容、可能预测的
事故及相应的行动措施。

· 小组长确认行动目标是否适合、是否还存在其他危险。

· 将危险源和行为措施记录在黑板上（附表），展示在
作业现场。

· 讨论确认最重要的安全措施，集体唱呼。

↓

开始作业

危险预知活动实施步骤

步骤1（第1R）危险在哪里？

作业人员指出作业过程中可能出现事故的危险，并明确最大的危险源。

步骤2（第2R）我应该怎样去做？

作业人员确认预防危险的措施，作为小组行动目标。

提出一个最主要的安全措施，实施集体手指唱呼。

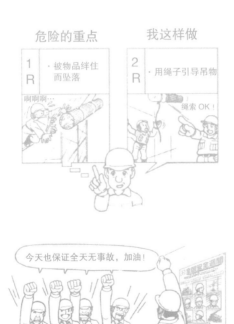

🚧 现场、实物为背景的危险预知活动

● 由作业人员大家共同讨论

● 存在什么样的危险?　　　　　　　　　● 如何采取预防措施?

危险预知活动（示例）

● 事故是由不安全行动（人）和不安全状态（物）引发的

● 安排引导人员、设置安全标识，提醒第三方（行人）注意

⚠ 以手指唱呼的方式，明确危险预防要领

不要害羞！手指唱呼

● 用食指指着对象物

扶手没问题！
安全带没问题！

伸直手腕
正确操作！

眼睛注视对象物
切实做好！

听自己的声音
安全意识！

用洪亮的声音
表达清晰！

🔺 危险预知活动记录表(示例)

今天的作业内容		日期:					
现场检查	1		4				
在作业现场用手指着作业场所的机械设备,通过唱呼进行检查	2		5				
	3		6				
	No.	预想可能发生的危险		频率	重要性	评价	危险度
步骤 1	1						
○ 作业中有什么危险性?	2						
○ 危险的要点是什么?	3						
（从作业步骤和操作流程中提炼、评估）	4						
	5						
	1						
步骤 2	2						
○ 我们这么做（行动目标）	3						
（利用作业步骤的要点,制定事故预防对策）	4						
	5						
现场作业人员无法改善情况下的处理方法		委托作业组长进行改善		委托总承包商进行改善			
施工单位		小组长					
作业人员（全员签名）:							

作业步骤书的编写方法

（1）什么是作业步骤书

作业步骤书是指把施工内容分解成主要的作业步骤，列出开展作业的最佳顺序，按每个步骤分别确定作业要点、可预见的危险、提出预防相关危险的对策措施，同时确定正确的具体作业方法。

作业步骤书=作业步骤+作业要点+可预见的危险和重要度+预防对策措施

（2）作业步骤书的目的

无论由谁来做，都能消除作业中的"浪费、不合理"，达到"安全、高质量、低成本、高效率（安全、准确、便捷）"要求，按照规定标准步骤完成作业。作业步骤书能够面向不熟练的作业人员，迅速而准确地传授作业方法和安全要领。

（3）作业步骤书的编写方法

作业步骤	内容
1. 掌握现场条件	• 作业场所的状况，机械设备的配置，作业人员的能力、资格，总包商的施工计划等。
2. 确定作业顺序	• 根据现场作业条件，确定符合现场实际情况的作业顺序和流程。 • 准备作业→正式作业→收尾作业。
3. 判断作业的要点	• 判断安全准确、合理高效进行作业的注意点、关键点。
4. 预测危险及危险的重要度	• 针对每个作业步骤，应用过去的事故案例、危险预知活动、事故体验分析等，预测可能发生的危险并对危险度进行评价。 • 危险度的评价是对危险的"大小"和"频率"打分进行评估。

（A）危险的大小　　　5：伤亡事故　　　　　　　　　3：停工天数 31 天以上
　　（危险的严重性）　2：停工天数 4 ～ 30 天　　　1：停工天数 3 天以下

（B）危险的频率　　　5：发生事故的可能性高　　　3：有发生事故的可能性
　　（危险的可能性）　1：发生事故的可能性低　　　0：几乎没有可能性

危险度的评价 =（A）×（B）
　　　　◎ 25 ～ 15　　　● 14 ～ 7　　　○ 6 ～ 4　　　△ 3 以下
　　　（危险度高）　　　（危险度中）　　（危险度低）　　（危险度轻微）

5. 决定预防危险的对策	• 从危险度评价打分高的项目开始决定预防对策和措施。

作业现场的整理整顿

◆▬整理▬
分选要的物品和不要的物品，把不要的进行废弃处理

◆▬整顿▬
对于需要的物品定好堆放场所，保持整齐的状态

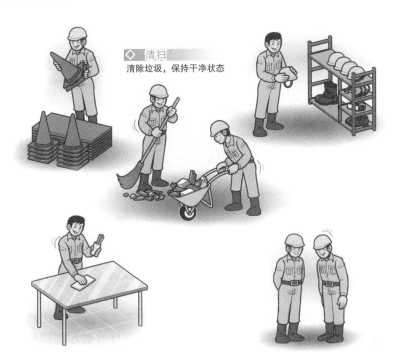

◆ 清扫
清除垃圾，保持干净状态

◆▬清洁▬
防止产生脏污，将作业环境等保持生活的状态

◆▬素养▬
相互遵守规定和约定事项的习惯

安全色彩及其标示、标识

安全色彩要做到让所有人正确、迅速地理解危险

理解安全色的含义（下图是使用示例）

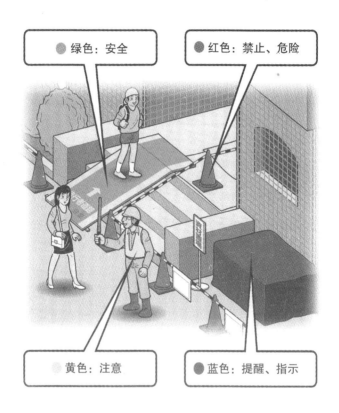

● 绿色：安全

● 红色：禁止、危险

● 黄色：注意

● 蓝色：提醒、指示

3 安全防护用具

根据不同用途使用相应的防护用具

🚧 防护用具的种类和用途

防尘眼镜
根据不同粉尘作业合理选用

安全帽
防止坠落、掉落、飞散

电弧焊接面具
保护眼睛免受紫外线、
红外线伤害

耳　塞
明显的噪声作业

口　罩
有机溶剂防毒

电弧焊接用手套
耐火花的皮质手套

安全带
将安全带挂在可靠的主缆绳上

安全鞋
选用适合作业内容的安全鞋
安全鞋头部用铁板保护，以抗冲击

正确使用安全防护用具

安全防护用具是为了防止作业人员受伤，保护身体健康

安全防护用具选择原则

（1）选用适合作业内容的、方便操作的防护用具。

（2）防护用具需定期检查，发现破损马上更换。

（3）充分理解防护用具的功能和使用注意事项，根据用途正确使用。

防护用具的使用要领

作业条件	身体部位	防护用具
坠落、掉落	头部	安全帽、安全带、耐碰撞用防护目镜
有机溶剂	口，眼	有机气体用防毒口罩 透风式口罩 防护眼镜
缺氧	口	透风式口罩
粉尘	口，手	防尘眼镜 防尘口罩 透风式口罩
振动	手，耳	缓振手套 耳塞、耳套
紫外线、红外线	眼	遮光眼镜 带遮光面具安全帽 护罩型遮光面具
噪声	耳	耳塞 耳套

检查服装和安全带

● 不使用有损坏、变形的安全帽

● 端正佩戴安全帽，系好下颌带

● 服装保持干净整洁

● 整理好工作服的袖口、纽扣

● 安全带牢牢地系在腰骨附近

● 裤脚塞到鞋子里

● 穿合适的安全鞋

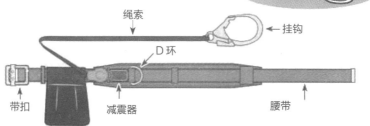

绳索　　　挂钩　　D环　　腰带　　带扣　　减震器

● 不使用腰带、带扣等部位有损伤的安全带

安全带的正确使用方法

1. 高空作业时，严格使用符合安全规格的安全带。
2. 根据作业内容，选用合适的安全带。

    例：面上作业用安全带（如脚手架上、平台上）

    　　悬空作业用安全带
3. 作业开始前要检查腰带、绳索、挂钩等部位，如有损坏严禁使用。
4. 安全带系牢在腰骨上方，正常穿过带扣，并加以固定。

● 临口部作业

● 面上作业（如吊卸材料）

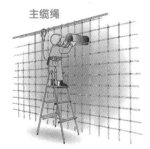

● 悬空作业（如攀爬、侧面安装）

安全带的主缆绳、绳索、挂钩要正确设置

- 主缆绳设置在掉落时不会与地面发生撞击的上方位置
- 主缆绳具有足够的支撑强度
- 安全带的绳索、挂钩不会轻易脱落
- 绳索不得接触锐角部位

主缆绳

● 挂钩要挂在高于腰部的主缆绳上

(必要时可使用双绳)

● 挂钩固定的时候不能折弯

从事高处危险作业时，必须系好安全带！

● 钢骨架组装作业

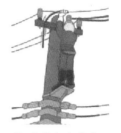

● 电线杆上作业

例：不安全行为造成的事故

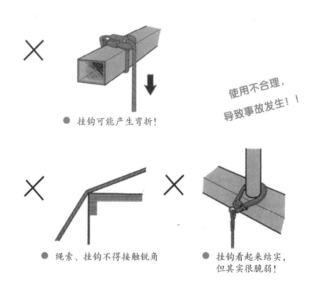

×
● 挂钩可能产生弯折！

使用不合理，
导致事故发生！！

×
● 绳索、挂钩不得接触锐角

×
● 挂钩看起来结实，
但其实很脆弱！

4 坠落、倒塌事故的预防

临口部是"陷阱"

在临口部附近作业时，首先要有安全防范意识

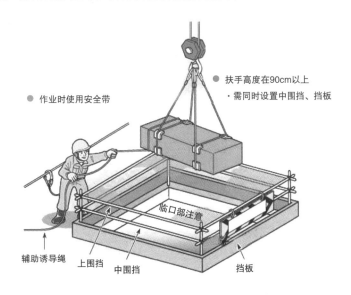

- 作业时使用安全带
- 扶手高度在90cm以上
  · 需同时设置中围挡、挡板

临口部注意

辅助诱导绳　上围挡　中围挡　挡板

如果需要临时拆卸扶手，完成后必须立即恢复原状

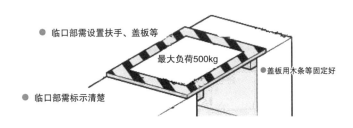

- 临口部需设置扶手、盖板等
- 临口部需标示清楚

最大负荷500kg

盖板用木条等固定好

⚠ **临口部需设置扶手**（作业平台端部、临口部等，一定要设置栏杆、扶手等）

● 临口部的安全检查，
临口部附近的照明是否明亮？

● 不装卸货物时，
安全网是否设置？

● 是否在临口部附近堆放有物品？

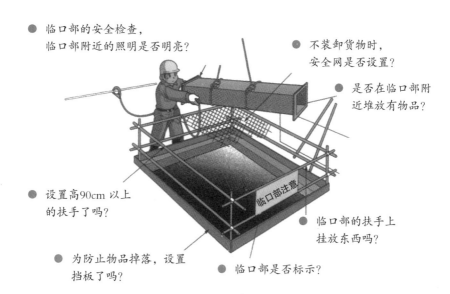

临口部注意

● 设置高90cm以上的扶手了吗？

● 临口部的扶手上挂放东西吗？

● 为防止物品掉落，设置挡板了吗？

● 临口部是否标示？

例：不安全行为造成的事故

● 临口部作业区域未设防护而跌倒

正确使用爬梯

● 防止翻倒的固定措施

30cm以上

60cm 以上

25~30cm
等间隔

75°

● 在梯子上作业时需使用安全带

● 禁止手里拿着东西上下爬梯

● 爬梯角度大于75°

● 上部采取适当固定措施

🔶 使用安全捌链的示例

● 上下爬梯时，推荐使用安全捌链

● 安全捌链

例：不安全行为造成的事故

● 梯子端部固定不牢

正确使用人字梯

选择的人字梯是否适合作业？

整体上锈蚀状态是否严重？

横向固定装置是否完全拉开？

支柱是否有弯曲？

结合部位是否牢固？

踏板是否存在弯曲变形？

底部防滑垫是否破损？

地表面是否平装，能够保证作业安全？

在最大允许负荷下使用（各厂家的最大负荷可能不同）

安全责任人

- 构造结实，具有足够的强度
- 材料没有明显的破损、腐蚀等
- 支柱和水平面的角度需在75°以下
- 使用折叠式人字梯时，需使用金属横向固定装置以保持支柱和水平面角度不变

踏板支架（踏脚板）作业的安全检查要领

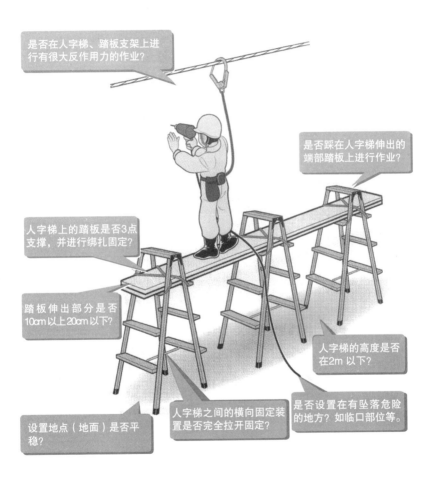

是否在人字梯、踏板支架上进行有很大反作用力的作业？

是否踩在人字梯伸出的端部踏板上进行作业？

人字梯上的踏板是否3点支撑，并进行绑扎固定？

踏板伸出部分是否10cm以上20cm以下？

人字梯的高度是否在2m以下？

是否设置在有坠落危险的地方？如临口部位等。

设置地点（地面）是否平稳？

人字梯之间的横向固定装置是否完全拉开固定？

● 作为踏脚板使用时务必采取3点支撑

● 端部突出部分
10cm以上
20cm 以下

● 用橡胶带绑扎

高度2m以下

● 打开横向固定装置

● 底部防滑垫

● 在稳定的平坦地面上使用

● 人字梯的横向固定装置完全
拉开且固定

● 不要双手拿着物品上下人字梯

拉开横向固定装置

高度2m以下

75° 以内

例：不安全行为造成的事故

● 站在人字梯顶板上作业

● 未设置底部防滑垫

🔺 人字梯不安全的设置方法

· 禁止在有高差的地方使用

· 禁止在凹凸不平的地面使用

· 禁止在人字梯顶部铺踏板使用

· 禁止人字梯使用时周围堆积杂物

· 禁止单独将人字梯兼作梯子

· 禁止在陡峭部位作爬梯

🚸 人字梯不安全的使用方法

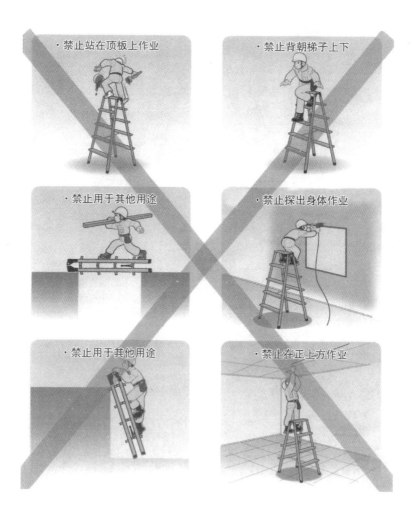

·禁止站在顶板上作业

·禁止背朝梯子上下

·禁止用于其他用途

·禁止探出身体作业

·禁止用于其他用途

·禁止在正上方作业

正确使用工作台

超过 1.5m 的工作台要安装顶部扶手

顶板是否弯曲？

扶手是否松动？

扶手是否固定牢靠？

固定销是否从折叠部件中露出？

梯脚调节装置是否固定好？

固定金属装置是否伸直固定好？

支柱是否发生弯曲？

踏板有无弯曲变形？

伸缩脚架部位是否有损伤、裂纹？

原则上1.5m以下

螺栓是否松动？节点部位是否有损伤、裂纹？

伸缩脚是否上下活动？

安全责任人需熟知使用说明书中的注意事项，告知作业人员使用方法并加以监督

● 在最大负荷以下使用

● 作业开始前，检查构件是否损伤、松动

● 必须在作业地面水平状态下使用

● 扶手竖杆需准确固定好

● 不能在承重状态下调节高度

● 不把体重加在横向辅助扶手上

安全责任人

🚧 使用工作台前，一定要对各个部位进行检查

● 作业开始前，检查螺栓、部件的松动、防滑垫的设置等

● 手上拿着东西禁止上下踏板

● 一定要面朝作业台上下

● 作业台必须在水平状态下使用

● 梯腿调节装置要准确固定牢靠

例：不安全行为造成的事故

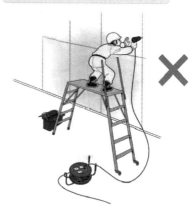

● 侧向地探出身体作业导致翻倒

正确使用！

事故发生最多的是"跌倒和坠落"

● 上下踏板时，要两手扶着扶手或支柱。

● 检查各部件是否有松动现象。

● 不可穿易滑倒鞋子作业。

● 必须从地面开始上下，勿跳跃。

● 不要将身体靠在扶手上。

清除隐患！

踏板、脚架上如果有……

① 泥、油漆、砂浆、混凝土

② 冰、雪等

③ 变形、锈蚀

以上附着物或损伤的情况下，要立刻清除和修理。

（尤其是伸缩脚架上附着杂物或堵塞时，如不能及时清理，严禁使用）

不得已在超过1.5m以上情况下使用时，务必系好安全带。

OK!

🔺 工作台不安全的设置方法

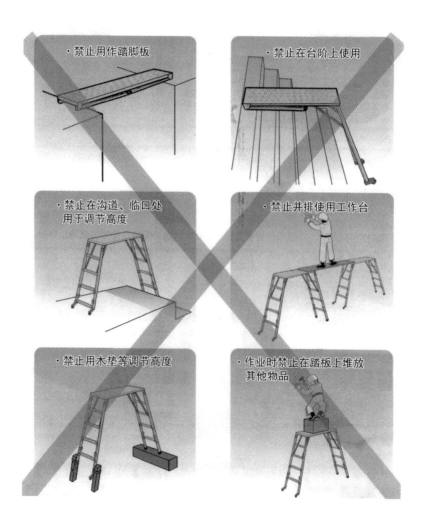

· 禁止用作踏脚板

· 禁止在台阶上使用

· 禁止在沟道、临口处用于调节高度

· 禁止并排使用工作台

· 禁止用木垫等调节高度

· 作业时禁止在踏板上堆放其他物品

🚧 工作台不安全的使用方法

· 禁止两个人同时上下

· 禁止探出身体作业

· 禁止背着面上下

· 禁止进行反作用力大的作业

· 禁止拿着东西上下

· 在踏板上仰首作业时注意脚下不要踩空

移动支架的安全要领

⚠ 务必使用安全带，身体不要探出支架外侧

● 移动支架作业平台的高度限制：≤7.7L（短片长度）－5m

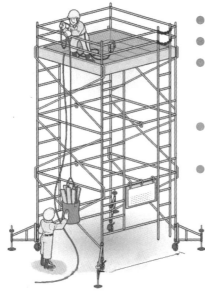

● 移动支架上作业时，必须使用安全带。

● 有人员在上面时绝对不可以移动。

● 即使只有一层高度的支架，也要设置升降通道、扶手（高90cm以上）和中围挡。

● 标明最大允许负荷、作业责任人和使用注意事项。

● 移动支架平台的底部，需设置外侧支腿、制动装置。

● 最大允许负荷：
作业面积$S \geq 2m^2$ 时，250kg 以下
作业面积$S < 2m^2$ 时，(50+100S)kg 以下

例：不安全行为造成的事故

● 扶手松动、脱落导致坠落

倒塌、崩塌事故预防

基坑支护作业

● 挡土支护作业要在作业责任人的指挥下进行

● 依据挡土支护组装施工图进行作业

● 标示禁止入内，配置引导员

● 在发生暴雨等情况下，如有崩塌危险，需采取措施禁止人员入内

● 在危险地点作业时，配置监视人员，检查山坡石块滑落、坡顶附近裂纹等异常情况

● 设置升降通道或爬升设备

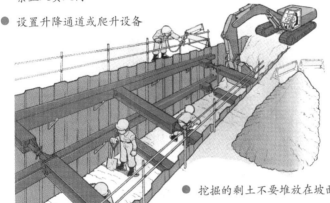

● 挖掘的剩土不要堆放在坡面位置

● 深度2m以上山坡的挖掘作业，需在作业责任人的指挥下进行

● 作业前，降雨、地震后，需检查坡面的安全状态

● 深度1.5m以上的坑道，需设置挡土支护

● 钢板桩要嵌入土中足够深度，尽早设置横挡、支撑梁

例：不安全状态造成的事故

● 支护强度不够，导致垮塌

5 建筑机械事故的预防

挖掘机作业

- 驾驶员持有相关执照
- 确认操作范围和最大负荷量
- 在作业指挥者的指挥下进行作业

- 除规定主要用途外（挖掘），不用于其他用途
- 确认机械使用场所地基的强度

- 不在引擎发动的情况下离开驾驶席

- 作业开始前一定要检查制动器、离合器、油压装置等

- 采取措施禁止人员进入机械旋转范围内

- 在狭窄场地作业时，配置信号灯、诱导员

例：不安全行为造成的事故

- 由于抄近道进入作业区域，被夹受伤

高空作业车的正确使用方法

作业开始前检查事项：

★ 作业场所的地面、顶部的状况

★ 操作开关、安全装置等的运作状况

★ 各个构件是否有损伤

★ 作业台、升降设备的使用状态

● 充分确保与突起物的距离，特别是旋转、升降时尤其要注意

● 设置在作业场所具有足够强度的地表面

● 遵从信号人员发出的信号指令

● 水平设置在稳定的位置

● 作业时将外侧支腿伸展到最大位置，保持作业车稳定性

● 在工作台上一定要使用安全带

● 修整地面的凹凸后再开始使用

● 一定要正确使用停车刹车、车挡

● 不用于高空作业以外的用途

● 不得攀爬扶手，或向外探出身体进行作业

● 即使高度不够，也不能在工作台上架设人字梯等进行使用

● 不得超过最大承载负荷，不得用于高空作业以外的其他用途

● 移动行驶时，要将工作台降到最下部后再行驶

● 驾驶员离开驾驶位置时，需将工作台降到最下部的同时，停止发动机，拉紧手刹

● 将外侧支腿完全伸出到最大位置方可使用

● 在作业范围内，采取措施防止闲人进入

例：不安全行为造成的事故

● 身体探出外面，导致翻倒

移动式吊车作业

● 指定司索作业责任人

● 按施工计划和步骤进行作业

● 吊车驾驶、吊索的作业人员要有相关资格证书

作业开始前检查事项：

＊ 起升限位警报装置的运作

＊ 吊带缆索的断裂、破损

＊ 挂钩的偏移、脱落

＊ 捯链绞盘、制动器的运作

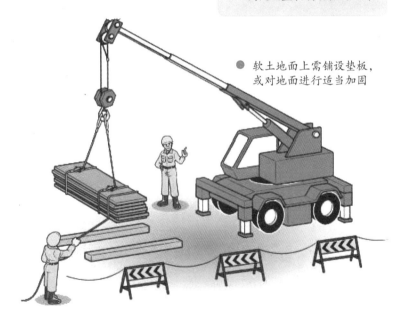

● 软土地面上需铺设垫板，或对地面进行适当加固

● 人员需和吊装货物保持适当的距离

● 起吊重量不能超出额定最大负荷

● 吊车设置的地面需具有足够强度

● 驾驶者不要在障碍物附近驾驶操作

● 外侧支腿最大限度地伸出并安装好方可吊装

🚜 吊车作业中货物晃动导致的夹伤事故频发

● 起吊时，首先微吊离地（稍微吊起后暂停），以减少货物晃动

● 仔细观察货物的形状、大小和重量，判断货物重心位置

● 吊装落地时或发生旋转时，要调节平稳，防止离心力造成的货物晃动

例：不安全状态造成的事故

● 起吊动作太快，导致货物大幅晃动

● 货物太重，导致吊车侧向倾覆

吊装和司索作业

- 吊索是否有损伤？
- 吊角是否保持在60°以下？
- 万一紧急情况下的人员疏导？
- 是否确认货物重心（防止倾斜，翻倒）？
- 货物的锐角部分与吊索间是否设置垫板？
- 吊离地面时，是否微吊后暂停（防止晃动）？

吊装作业十项要领

1. 作业前必须认真检查吊装用具。

2. 选用符合货物重量和形状的吊装用具。

3. 确认重心，避免吊装过程中货物旋转或移动。

4. 吊离地面时远离货物，确认货物吊起状态。

5. 指定信号员，遵守吊装作业指令。

6. 使用规定的吊装指令，声音宏亮，动作清晰。

7. 吊装过程中需留意周围的安全，应对紧急情况。

8. 确认货物移动路径，引导吊装货物安全着地。

9. 检查卸货场所的安全，指令着地方向和位置。

10. 着地后，待确认货物的稳定后再卸下挂钩。

🔺吊装作业的安全要点

● 具备接受过专业技能培训的司索员　　● 事先检查吊索和吊钩等有无损伤

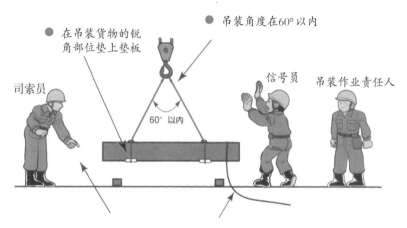

● 在吊装货物的锐角部位垫上垫板

● 吊装角度在60°以内

司索员

60° 以内

信号员　吊装作业责任人

● 首先微吊离地后暂停，等货物稳定后再起吊和移动

● 确认货物的重心、重量

● 纤维吊带不能在发生扭转或打结状态下使用

● 对于长条状的货物应使用辅助绳

● 禁止采取单根索的吊装方式

● 将挂钩设置在货物重心位置的正上方

吊装作业责任人、司索员等的职责

吊装作业相关人员事先确认事项

① 作业基本情况、吊装货物、作业范围、作业人员的配置。

② 作业步骤、吊装方法（吊车、司索、信号）、与其他作业之间的联络协调、紧急状态下的处置措施。

吊装作业责任人的实施事项

① 确认吊装货物的重量、形状、数量、吊车的安装、作业范围内的情况、吊装方法等。

② 存在不安全状态或不安全行为时，立即向吊车驾驶员发出停止作业的指令。

司索员的操作事项

① 吊装用具的准备、检查以及不良用品的更换。

② 吊装状况的确认、如有必要及时向吊装作业责任人提出改善要求。

③ 吊离地面时，确认吊装状态。

④ 吊装目标场所的确认、着地后卸货时确保货物的稳定性。

信号员的操作事项

① 指示作业人员避让、确认搬运路径中有无相关人员、发出吊装指令。

② 确认搬运路径的状态、对吊装货物进行监视并引导驾驶员操作。

③ 吊装货物不稳定时，指令驾驶员停止作业。

④ 着地时，检查货物着地位置和司索员的位置。

吊车驾驶员的操作事项

① 作业开始前的检查，使用移动式吊车时要确认安装场所的地基情况。

② 确认作业范围。

③ 确认吊装货物下方和周围有无人员。

④ 可能会超过额定负荷时，向作业责任人及时汇报和协商。

⚓正确的吊装·司索方法

● 单索式吊装

原则上禁止采用单根索吊装方法，原则上采用双索吊装。
万不得已使用时，可采取单根两折方式。（下图左）

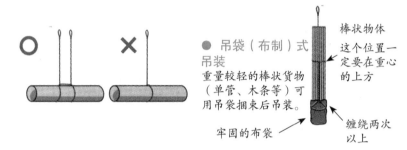

● 吊袋（布制）式吊装

重量较轻的棒状货物（单管、木条等）可用吊袋捆束后吊装。

棒状物体

这个位置一定要在重心的上方

牢固的布袋

缠绕两次以上

● 缠绕式吊装

吊装很长的钢筋、钢管等时，采取缠绕吊装（将吊绳缠绕货物一圈）方式可提高安全性。

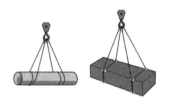

● 吊网（索网）式吊装

* 吊装数量较多的零散物品时，如不易吊运的圆状物、不易挂吊绳的货物等。

* 避免装得过满以防吊装途中掉落。小物品可先装入袋中以免从吊网空隙中掉落。

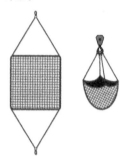

● 穿绑式吊装

* 如果吊装货物容易滑动时，应将吊索紧紧穿绑
  货物。

* 一般来讲，穿绑式吊装由于将钢索极度折弯，
  会导致强度明显下降，加速损伤，因此应尽
  量避免频繁使用。

● 其他吊装方法

深收紧　　　花式吊装　　　三点吊装

浅收紧　　　使用专用夹具吊装　　　使用挂钩吊装

🚧错误的吊装·司索方法（示例）

吊运托盘

货物翻倒

同时吊运不同长度的货物

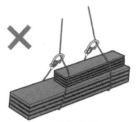

货物掉落

吊索未穿过货物

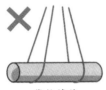

货物掉落

挂钩的穿越方向不当

货物脱落

吊索收紧方向相反

货物掉落

将吊索穿过吊钩的吊桶式吊装

货物滑落

🔺 禁止使用的吊装用具（示例）

● 禁止使用不符合规格的钢吊索

（1）单个绞距之间的芯线数有10%以上断裂的钢索

单个绞距

（2）直径的减少超过公称直径7%以上的钢索

（3）扭曲的钢索

（4）有明显变形（钢索的凹陷、芯线外露等），或已锈蚀的钢索

（5）端部固定部位有损伤（环扣的咬合部、压缩固定的机具部等）

● 禁止使用不符合规格的纤维或布吊带

（1）绞线部位发生断裂的吊带

（2）存在明显损伤或腐烂的吊带

吊装作业安全事故（示例）

司索方法的错误

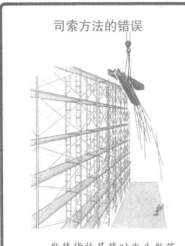

散装货物吊装时发生散落

吊装方法不妥

单根索吊装，
导致掉落

货物装载方法错误

斜向吊运，被货物拖倒

未确认货物着地时的稳定

未确认着地是否稳定就卸挂钩

电动工具的意外事故

● 是否在稳定的台面上，
　以正确的姿势进行作业？

● 是否戴着手套进行操作？
　（原则上禁止戴手套作业）

　● 锯齿是否破损？各部位的
　　螺栓、螺钉等是否松动？

　● 电源线的连接部位是否破损？

　● 是否使用了带接地线的插头？

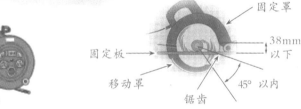

固定罩

38mm
以下

固定板

移动罩

锯齿

45° 以内

● 旋转中是否有异常音？

● 停止时的制动器是否有效？

● 开关是否在附近？开关有无破损？

● 锯齿的防触装置（护罩）是否正常运作？

例：不安全行为造成的事故

● 不安全的作业姿态

不随意拆下安全防护装置

拆卸安全防护装置，可能导致重大伤害事故

● 磨石的防护装置不得拆除

● 慎防切屑溅入眼睛

● 严格遵守防护具的规定尺寸

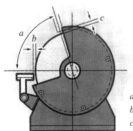

a：65° 以内
b：3mm以内
c：3~10mm

● 安装防护盖板

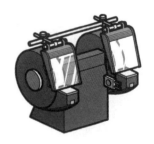

作业前的机具、设备检查（示例）

作业前（使用前）的安全检查（示例）

- 灯泡和外罩是否有破损？

- 分电盘、插头等有无损伤、开裂？是否使用了平行塑料电线？

- 电线是否有扭曲？

- 电线的护套是否有损伤？

- 是否将卷电盘代替吊索使用？或用来挂重物？

- 滑轮（滑车）的槽口部有无磨损？

6 中暑、触电、火灾的预防

中暑的预防要领:

* 补充水分、盐分
* 采取防晒措施
* 作业途中,适度的休息
* 杜绝暴饮暴食,尤其饮酒过度
* 保持充足睡眠和休息

急救处置措施:

* 首先叫救护车,毫不犹豫尽快送往医院
* 在凉快处松开衣物,让其安静,喝运动
  饮料等
* 冲凉水、吹风等,用各种方法使身体冷却

采取防暑降温措施!

中暑是指在高温下，体温的调节等功能出现障碍，发生热射病、日射病、热痉挛等症状，多发于高温、高湿的夏季施工工地。

● 中暑的预防措施，最有效的是及时补充水分和盐分。特别是在作业开始前的补充很重要。现场预备饮用水或运动饮料，是最现实有效的措施。

＊ 工作服要穿透气性、吸湿性好的衣服。

＊ 预备可以使身体适度降温的冰块、凉毛巾等。

＊ 领班在作业开始前，检查作业人员的健康状态。

＊ 身体不舒适时，尽早向领班提出。

＊ 根据身体状况，及时就医诊疗。

● 施工现场预防中暑措施

＊ 施工现场附近适当洒水降温。

＊ 设置遮阳棚或改善通风效果的设备。

＊ 准备温度计、湿度计等，以便了解施工时的温湿度的变化。

＊ 在背阴处等凉快的地方设置休息场所。

＊ 安排适当的停工休息时间。

中暑急救措施

⚠ 发现中暑，首先呼叫救护车，尽快送往医院

* 在凉快的地方保持安静

* 为了防止症状急变，随时有人在旁边看护

* 喂水或运动饮料

冰枕　　　冰袋

* 中暑者的体温高时，脱掉大部分衣服，在身上浇凉水并用电风扇吹风冷却；用冰块进行按摩以降低体温

* 争分夺秒，尽快送往医院接受治疗！

防止触电事故

⚠ 配电箱的安全要领

● 指定配电箱的操作责任人
* 操作责任人要求受过技能培训

● 电路的电闸在作业时要锁上

● 检查漏电断路器是否正常工作

● 配电箱前面不要放置材料等

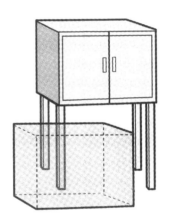

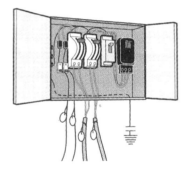

● 标明电线电路的去向

● 不要乱接多重配线

例：不安全行为造成的事故

● 未接地线
● 手随意触摸配电盘

预防火灾

⚠ 在有易燃物的场所要注意避免发生火源

- 应在规定的吸烟场所吸烟 作业中禁止吸烟，规定的吸 烟场所以外禁止吸烟

- 用火场所要放置消防灭火器

- 用火之后，要收拾好余火、 灰烬

- 在焊接作业附近不得放置 易燃物品

- 随时确认焊接火花的 飞溅方向

7　职业中毒事故的预防

预防缺氧事故

- 在有缺氧危险的场所作业时，要测量氧气浓度

- 要充分进行换气，保证空气流通

- 检查入场和离场时的作业人员数

- 在作业责任人的直接指挥下进行作业

- 作业人员需受过特殊安全培训

- 严格使用安全带

- 根据氧气浓度，适当配置空气呼吸器。

- 标明缺氧作业注意事项加以警示

- 预备应急避难用具

🔺 氧气浓度与症状

氧气浓度	症　状
18%	安全极限点，需持续换气
16%	脉搏加快、头痛、恶心、想吐
12%	头晕、体力下降，可能引发坠落事故
10%	脸色苍白、失去知觉、呕吐（可能被呕吐物堵住呼吸道而窒息死亡）
8%	昏迷晕倒，7～8分钟内死亡
6%	瞬间昏倒、停止呼吸，痉挛约6分钟死亡

注：以上仅为大致标准，需随时注意氧气浓度！

🚧 缺氧作业的安全检查要领

● 缺氧的定义：
* 空气中的氧气浓度在18%以下的状态
* 空气中的硫化氢浓度超过10ppm 的状态

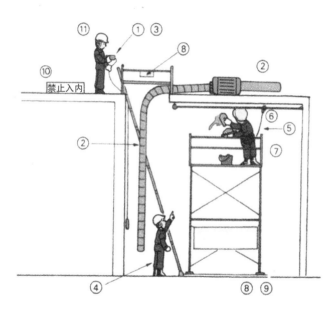

① 在缺氧危险场所作业时，是否测量氧
　气、硫化氢浓度？

② 通风换气是否充分？

③ 是否检查入场和离场时的作业人员？

④ 是否在作业责任人的直接指挥下作业？

⑤ 作业人员是否受过特殊安全教育？

⑥ 是否严格使用安全带？

⑦ 根据氧气浓度，是否使用呼吸器？

⑧ 是否有缺氧作业注意的标示？

⑨ 是否预备应急避难用具？

⑩ 是否采取闲人禁止入内的措施？

⑪ 是否配置监视员？

预防有机溶剂中毒

- 在作业责任人的指挥下进行作业

- 尽可能使用有害性小的有机溶剂

- 在通风不好的场所，要充分进行换气

- 确认溶剂的性质，如不能接触皮肤等

- 在不通风的场所，要使用有机气体防毒面具

- 作业场所周围严禁烟火

- 作业人员要接受危险品操作特殊教育

- 使用后的空容器要密封，并集中堆放在室外的固定场所

- 有机溶剂浓度较高的情况下，测试空气中溶剂含量

例：不安全行为造成的事故

- 换气不充分，导致中毒

粉尘作业的防护措施

粉尘作业的安全检查要领

● 粉尘环境下作业人员需接受特殊安全培训

（1）作业场所的周边是否经常清扫，预防粉尘发生？

（2）是否采取了洒水措施等，保持湿润状态？

（3）换气是否充分？

（4）隧道衬砌的混凝土喷射作业、电弧焊接作业等，是否使用了防尘口罩、防护眼镜？

（5）作业人员是否接受了粉尘危害特殊体检？

（6）隧道内等产生粉尘的作业场所，是否测试了粉尘浓度？

（7）基坑内的作业人员是否接受了专项安全培训？

（8）作业方法、设备等是否有改善的余地？

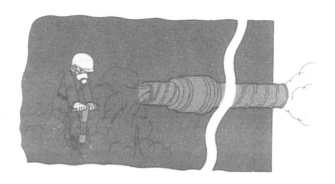

振动、噪声预防对策

🚧 振动伤害危险作业的检查要领

● 振动、噪声环境下的作业人员需接受特殊安全培训

（1）作业开始前是否对振动工具器械进行了检查？（尽量选用振动较少的工具）

（2）一天的振动作业时间是否控制在5小时以内？

（3）是否根据作业的类型，规定连续操作时间和休息时间？

（4）作业人员是否接受了振动危害特殊体检？

（5）作业开始前、结束后，是否实施手、腕、肩、腰等的放松运动？

（6）是否改善作业方法，以减少手、腕的振动受力？

（7）是否使用了防振手套、防振手柄护套、耳塞等防护用具？

⚠ 噪声伤害危险作业的检查要领

● 作业人员需接受特殊安全培训

（1）是否对作业方法进行改善，尽量减少噪声发生？

（2）是否在产生噪声的场所，通过隔声板等进行防护？

（3）是否对作业人员实施定期听力检查？

（4）是否使用了耳塞等防护用具？

（5）要长时间从事噪声作业的作业人员，是否实施了预防和降低噪声的专项教育？

（6）是否对现场噪声分贝数进行了测试？

石棉作业注意事项

（1）按照作业计划书，在石棉作业责任人的指挥下进行作业。

（2）上下班服装和工作服分开保管。

（工作服未经除尘处理禁止带出场外）

（3）作业前，采取喷洒飞散抑制剂等措施，防止粉尘飞散。

（4）作业场所用塑料膜覆盖，与其他场所隔离。

（5）作业场所标明"闲人禁止入内"、"禁烟，禁止饮食"。

（6）作业场所告示"石棉作业注意事项"。

（7）检测现场空气中的石棉浓度。

（8）作业时，穿防护服、戴防尘面具等防护用具。

（9）作业后，清洗防护服、清洗身体和眼睛、漱口。

（10）作业后，对作业场所、休息室等进行全面清扫。

（11）清除的石棉（特别管理废弃物）按照规定方法保管、处理。

（12）编写作业记录，并进行保存（保存期40年）。

（13）定期接受石棉特殊健康体检（每半年内1次）。

石棉作业安全操作要领

● 闲人禁止入内——石棉清除作业中

更衣室　清洗室　通行室　塑料布

清洗装置
（例）清洗设施的隔离

塑料布

换气装置
（例）实施隔离和换气

换气装置
（带过滤器）

● 石棉的保管和标示

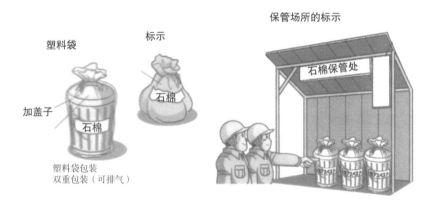

塑料袋

标示

保管场所的标示

加盖子

石棉

石棉

石棉保管处

塑料袋包装
双重包装（可排气）

🛑 石棉是身体中永远无法溶解的天然石块

● 石棉作业引发的典型疾病

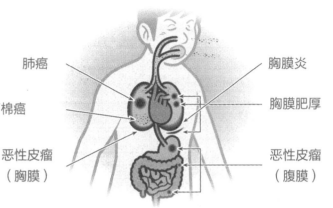

肺癌
石棉癌
恶性皮瘤
（胸膜）

胸膜炎
胸膜肥厚
恶性皮瘤
（腹膜）

● 使用可更换滤芯的石棉
专用的替换式口罩

● 不使用不能更换滤芯的
一次性口罩

石棉危害的预防措施

＊ 事前调查是否使用石棉。

＊ 编制石棉作业计划。

＊ 将作业计划书提交主管安全监督部门
审核。

＊ 石棉作业责任人需接受专业技能培训，
并现场指挥作业。

＊ 所有作业人员均需接受专项安全教育。

＊ 使用呼吸用防护用具、防护服。

＊ 作业时禁止无关人员进入现场。

＊ 设置洗脸、洗澡等清洗设施。

＊ 实施特殊健康体检。

8　安全事故风险评估

风险评估的步骤

事先系统地评估施工作业中潜在的"危险性、有害性",根据发生概率、危险程度（风险等级），制定避免和消除措施，并加以现场实施。

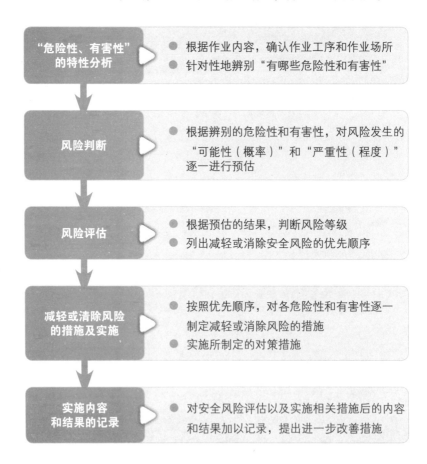

"危险性、有害性"的特性分析
- 根据作业内容，确认作业工序和作业场所
- 针对性地辨别"有哪些危险性和有害性"

风险判断
- 根据辨别的危险性和有害性，对风险发生的"可能性（概率）"和"严重性（程度）"逐一进行预估

风险评估
- 根据预估的结果，判断风险等级
- 列出减轻或消除安全风险的优先顺序

减轻或清除风险的措施及实施
- 按照优先顺序，对各危险性和有害性逐一制定减轻或消除风险的措施
- 实施所制定的对策措施

实施内容和结果的记录
- 对安全风险评估以及实施相关措施后的内容和结果加以记录，提出进一步改善措施

风险评估的实施（示例）

🔺 在移动工作台上作业时跌倒（示例）

● 不安全状态

* 制动装置故障

* 工作台地面不平坦

* 工作台不稳固

● 不安全行为

* 以不合理姿势作业

* 过于埋头作业，忽视周围

直接原因
(失去平衡) ➡ 事故的种类
(跌倒、坠落) ➡ 结果
(死亡、重伤)

🔺 室内涂装作业时有机溶剂中毒（示例）

● 不安全状态

* 在狭窄的空间通风不充分

* 空容器放置在作业场所

● 不安全行为

* 未确认有机溶剂的危险
  和有害性

* 作业责任人不在场

直接原因
(没有换气) ➡ 结果
(有机溶剂中毒)

9 作业人员的健康·卫生管理

疾病通常是在人们并不感知的情况下发生的，因此有必要接受定期体检，及早预防疾病，保持身体健康。

🔺 体检的种类

一般体检	● 雇用时的体检（雇用前） ● 定期体检（每年1次）

特殊体检 从事有害作业的人员	● 尘肺体检（就业时、定期、临时、离职时） ● 有机溶剂体检（就业时、作业中每6个月内1次） ● 其他情况

作业安排的考虑：

考虑当天的作业内容，将身体状态不太好的或年纪较大的作业人员安排到合适的作业项目中。

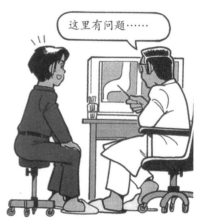

这里有问题……

健康、安全十大要领

（1）衣着整洁，养成良好生活、工作习惯

（2）作业前，做好热身体操

（3）根据作业内容，正确使用安全防护用具

（4）作业时，遵守规定的作业规程

（5）不要用勉强的姿势或动作作业

（6）保持充足睡眠（7～8小时）

（7）劳逸结合、尽早消除疲劳

（8）积极参加定期体检

（9）养成良好的饮食习惯，不酗酒

（10）经常散步、适度的运动（有效控制身心压力）

自己的健康自己管理！

好像有点头痛

今天不要做高空作业

预防"亚健康"

除了癌症、心脏病、脑溢血以外，糖尿病、高血压、动脉硬化等一系列疾病也都与饮食、运动、休养等生活习惯的影响有关，简称"亚健康"或"成人病"。

容易导致"亚健康"的生活方式：

① 运动不足
② 不规则的生活
③ 吸烟无节制
④ 过量饮酒
⑤ 盐分摄入过多
⑥ 偏食、挑食
⑦ 精神压力过大

看电视，打麻将

劳累

酗酒

熬夜

作业人员的饮食管理

🚧 预防亚健康从饮食开始

● 保持营养均衡，不偏食
主食、主菜、副菜齐全，
目标是每天30种以上食材

● 保持饮食和运动的均衡
每顿吃八分饱，不暴饮暴食，适当
锻炼身体

● 补足充分的钙，维持健康骨质
（富含钙质的牛奶、小鱼、海藻等）

● 减少盐分摄入，防止高血
压和胃癌
避开辛辣食品，食盐摄入
量控制在每天10g以下

● 减少脂肪摄入，预防心脏病

● 控制甜食摄入量

主菜
肉、鱼、蛋、豆腐等（以
鱼、肉、贝、大豆等
为主要材料的食物）
——蛋白质、糖类等
的供应源

主食
米饭、面包、面类、薯类
等（以谷物类为主要材料
的食物）
——能量的供应源

副菜
蔬菜类、海藻、蘑菇、
山芋等（以蔬菜为主
要材料的食物）
——维生素、矿物质
等的供应源

预防食物中毒

近年来，虽然食物中毒有减少的趋势，但仍然时有发生，其中尤其以各种杆菌感染为甚。作为各种杆菌中毒的预防措施，可以采用如下对策。

🔺 预防的第一步

● 用消毒洗洁液认真洗手！
（为了不互相感染，尽量使用按压式的洗洁液，少用肥皂）
● 保持身体和衣服清洁、干净！
● 保持环境整洁！

🔺 关于食材调理

● 烹调加热70℃以上，至少加热2.5分钟以上。
● 在食材新鲜保质期内食用。
● 避免烹调后长期保存。
● 鸡蛋打碎后不宜久放。
● 菜刀、砧板的及时杀菌。
● 生食（沙拉等）和熟食食品的调理用具不混用。
● 储存时控制在4℃以下的低温。

预防职业性腰痛

腰痛，通常由于寒冷、跌倒等引发，与年龄、体格、长期劳动等因素有关。另外，作业姿势不当等（如：搬运货物，长期习惯性姿势等）也会导致职业性腰痛。

职业性腰痛可以大体上划分为因腰部等受到强力突发性冲击引发的急性腰痛（工伤事故性腰痛），以及因长期作业过程中腰部承受过度负担而逐渐引发的慢性腰痛（非工伤事故性腰痛）。

⚠ 预防职业性腰痛的检查要点

● 是否在会给腰部产生负担的不自然的姿势下作业？

● 是否两个人一起搬运重物？（要尽量借助搬运机械）

● 作业之前是否做预防腰痛的体操？

● 是否前倾着搬运东西？（不要在扭着腰的姿势下搬运）

朝向正面

腰部前倾

可抬起货物的参考重量
男性：体重的40%
女性：体重的24%

膝盖式（○）　　　　吊车式（×）

营造舒适的工作环境

　　工作环境同时也是现场作业人员的生活场所，人们总是希望能够在减轻疲劳和压力的轻松的职场环境中工作。当工作环境舒适、轻松时，不仅可以提高作业人员的士气，改善气氛和活力，也有利于防止或减少事故的发生。

作业方法的标准化

　　避免和改善不良姿势作业、过度用脑作业、高温作业以及长期机械操作等，避免给身体造成过大负荷。

疲劳恢复设施

　　设置可以躺着休息的房间或沐浴室等洗澡设施，配备运动器材、娱乐设施。

作业环境的舒适化

　　改善空气环境、冷热空调条件、视听觉环境、改善周围绿化环境、作业空间环境等。

职场生活附属设施

　　保持盥洗室、更衣室、卫生间等的清洁，设置食堂、供热水设施、会议室等。

工作疲劳度的检查

几乎没有—0 分　　偶尔有—1 分　　经常有—3 分

A 身体是否积累了疲劳和压力？

序号	检查项目	分数
1	心里烦躁	
2	感觉不安	
3	沉不住气	
4	忧郁	
5	身体状况不佳	
6	不能集中注意力	
7	做事老犯错	
8	常打瞌睡	
9	没有干劲	
10	精疲力尽	
11	起床后仍感觉疲劳	
12	和从前相比易于疲劳	
	合计	

B 最近一个月的工作和休息情况

序号	检查项目	分数
1	几乎每晚都10 点以后才回家	
2	休息日也经常加班	
3	经常把工作带回家做	
4	经常出差在外住宿	
5	工作上有烦心事	
6	感觉睡眠时间不够	
7	不易入睡，经常半夜醒来	
8	经常在家中操心工作的事	
9	很难在家里悠闲地休息	
10	和同事关系不太融洽	
	合计	

你身体的工作疲劳积累度

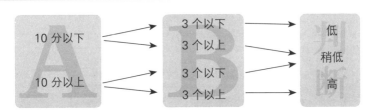

A 10 分以下	3 个以下	低
	3 个以上	稍低
10 分以上	3 个以下	稍低
	3 个以上	高

现场常备急救箱

● 定期检查各药品余量和有效期限
● 根据各工作岗位的特点，预备相应急救用品和药物

毛刷
剪刀
体温表
镊子
止血带
绷带
创可贴
安全别针
纱布
便笺
消毒液
硼酸软膏
改性肥皂
棉棒
除毛镊子

现场急救箱（示例）

附录：产业废弃物的正确处理

好好分类·资源的有效利用！

● **安定型产业废弃物**
性质安定对生活环境几乎没有影响的废弃物

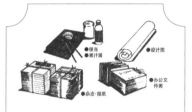

● **办公类一般废弃物**
工地办公室等产生的废弃物

● **特别管理型产业废弃物**
通过有爆发性、毒性、感染性的废弃物
影响人们的健康和生活环境

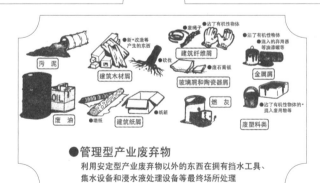

● **管理型产业废弃物**
利用安定型产业废弃物以外的东西在拥有挡水工具、
集水设备和浸水液处理设备等最终场所处理